G. MAINGOT

Technique Générale

A. MALOINE ET FILS, ÉDITEURS
27, RUE DE L'ECOLE-DE-MEDECINE, 27
PARIS, 1919

G. MAINGOT

Technique Générale

A. MALOINE ET FILS, ÉDITEURS
27, RUE DE L'ECOLE-DE-MEDECINE, 27
PARIS, 1919

TECHNIQUE GÉNÉRALE

Ordre de transparence des Calculs Urinaires
d'après
les lois de Benoist et d'après la Méthode Expérimentale [1]

On sait que différents auteurs ont étudié les conditions de transparence des corps aux rayons X. Notamment Benoist a formulé des lois très importantes qui permettent des applications numériques [2].

Quel que soit leur état physique, quelles que soient les combinaisons chimiques dans lesquelles ils entrent, les corps simples possèdent toujours le même degré de transparence, qui est fonction de leur poids atomique.

La transparence d'un corps composé dépend de celle de ses éléments formateurs. On peut calculer le degré de transparence d'un composé dont on connaît la constitution ; on sait que Benoist appelle degré de transparence d'un corps le poids en décigrammes, pour un centimètre carré de section et sous une épaisseur telle que la transparence soit la même qu'une couche de paraffine de 75 millimètres d'épaisseur. Il suffit d'appliquer la formule

$$\frac{M}{E} = \frac{m}{e} = \frac{m'}{e'} = \frac{m''}{e''} \cdots,$$

dans laquelle M, m', m''... représentent les masses du corps composé et des corps simples constituants, et E, e, e', e''... leurs degrés de transparence respectifs.

Cette formule a été appliquée par Castex [3] aux substances suscep-

---

1. Travail du Laboratoire de Physique de l'Ecole de Médecine de Rennes.
2. Benoist, *Archives d'électricité médicale*, p. 257, 1902.
Extrait des *Archives d'électricité médicale expérimentales et cliniques*, 25 août 1901.
3. Castex : *Précis d'Electricité Médicale*, p. 629.

tibles de former les calculs urinaires. Voici les résultats qu'il a trouvés :

Urate acide d'ammonium.	$(C^3\ H^7\ Az^5\ O^3)$	55,9
Acide urique.	$C^5\ H^4\ Az^4\ O^4$	55,3
Urate acide de magnésium.	$C^{10}\ H^8\ Az^8\ O^4\ Mg$	50,9
Urate acide de sodium	$C^5\ H^3\ Az^4\ O^3\ Na$	50,6
Urate acide de calcium	$C^{10}\ H^6\ Az^8\ O^6\ Ca$	23,6
Phosphate ammoniaco-magnésien	$PO^4\ Mg\ Az\ H^4$	27,1
Oxalate de calcium	$C^4\ O^4\ Ca$	11,5
Phosphate bicalcique.	$(PO^4)2\ H^2\ Ca^2$	12,7
Carbonate de calcium.	$CO^3\ Ca$	12,1
Phosphate tricalcique.	$(PO^4)2\ Ca^3.$	11

Ces chiffres ne sont pas applicables aux calculs eux-mêmes, formés le plus souvent de couches concentriques de substances différentes. Il n'est pas impossible cependant de rencontrer des calculs homogènes. D'autres sont, en réalité, plus homogènes qu'ils ne le semblent d'après une coupe : leur radiographie présente une teinte beaucoup plus uniforme que leur photographie. Enfin, certains calculs volumineux se sont formés par le dépôt d'un sel, toujours le même, autour d'un noyau urique assez petit pour être négligeable. Quoi qu'il en soit, l'analyse immédiate des parties les plus homogènes montre qu'elles renferment des impuretés variables en dehors des substances définies qui les composent d'une manière effective : on ne peut donc, en ce qui concerne les calculs urinaires, parler d'équivalent de transparence.

Il est intéressant, toutefois, de vérifier expérimentalement si le classement obtenu d'après les lois de Benoist s'applique aux parties des calculs urinaires ayant à peu près même composition chimique.

Certains auteurs ont déjà tenté ce classement expérimental : Buguet et Gascard, en 1897, proposent l'ordre : acide urique, phosphate ammoniaco-magnésien, carbonate de calcium, oxalate de calcium ; en 1899, Albarran et Contremoulins soutiennent, de même, que les concrétions les plus opaques sont celles d'oxalate. En 1898, Gaimard, dans sa thèse, avait conclu que les calculs d'oxalate, de carbonate et phosphate de calcium sont les plus opaques.

Je me suis procuré, dans la collection de l'École de Médecine de Rennes, un certain nombre de calculs que j'ai réduits en coupes à faces parallèles ; faute de calculs assez gros, j'ai dû leur donner une épaisseur de 4 millimètres, suffisante, du reste. Il importait surtout d'avoir des épaisseurs égales ; dans ce but, les calculs ont d'abord été débités à la scie en tranches peu régulières, mais assez fortes pour ne pas se morceler ; puis ces tranches furent usées sur une meule à émeri, spécialement montée pour tourner d'un mouvement rapide et très doux ; de la sorte, il a été possible de leur donner très exactement l'épaisseur voulue, mesurée à l'aide du pied à coulisse qui vérifiait aussi le parallélisme des faces. Ces coupes montées sur un bristol ont été radiographiées avec des rayons de pénétration différente : 4 et 9 au radiochromomètre de Benoist. Afin de mieux apprécier les opacités relatives des différentes portions, je les ai découpées dans des épreuves sur papier et juxtaposées suivant une gradation régulière des teintes. Les gammes ainsi obtenues sont restées les mêmes, quels que soient les rayons employés. Enfin, l'analyse des différentes portions calculeuses a été faite et l'on a vu qu'elles se groupaient dans l'ordre suivant :

1, Acide urique ;

2, Acide urique (traces d'urate de calcium);

3, Urate de calcium et de magnésium ;

4, 5, 6, 7, Phosphate ammoniaco-magnésien ;

8, Acide urique + oxalate de calcium + carbonate de calcium + phosphate ammoniaco-magnésien ;

9, Phosphate ammoniaco-magnésien + phosphate de calcium ;

10, Phosphate ammoniaco-magnésien + oxalate de calcium + carbonate de calcium ;

11, Urate de calcium + phosphate ammoniaco-magnésien + carbonate de calcium ;

12, Oxalate de calcium + phosphate ammoniaco-magnésien ;

13, Phosphate de calcium et de magnésium ;

14, Oxalate de calcium ;

15, Phosphate de calcium.

Je regrette de n'avoir trouvé aucun calcul de carbonate de calcium. Cet ordre concorde avec celui qu'indiquent les lois de Benoist ; il en faut conclure qu'il n'y a pas lieu, en cette question, de classement. de tenir compte du peu de produits étrangers et variables inclus dans les parties les plus homogènes des calculs urinaires.

Le Réglage à distance et le Réglage automatique des Ampoules à osmo-régulateur de Villard [1]

Par MM. Georges Maingot et Henri Béclère

Depuis déjà dix ans le médecin radiologiste dispose des ampoules à osmo-régulateur de Villard. En elles, il possède une source de rayons X vraiment pratique encore qu'un peu délicate. Il reste à faire preuve d'un certain doigté pour employer ces appareils.

En effet, l'art de régler les ampoules importe pour une large mesure dans la perfection des résultats obtenus.

Dans les conditions ordinaires et normales d'utilisation, les ampoules un peu usagées n'ont tendance qu'à émettre des rayons de pénétration croissante : elles durcissent. Pour adapter le rayonnement au but envisagé, il est nécessaire d'introduire de l'hydrogène entre les électrodes. C'est donc la question de la diminution du degré de vide qui constitue le point capital dans le réglage de ces appareils.

En chauffant directement et d'une façon diffuse la paroi opposée à l'anticathode, la pression gazeuse augmente momentanément à l'intérieur du tube de Rœntgen. Ce procédé, parfois avantageux, ne donne qu'un réglage éphémère. Il faut le plus souvent s'adresser à l'osmo-régulateur : à chaque instant la main s'apprête à présenter la flamme hydrocarburée qui porte au rouge l'insatiable tube de platine. C'est une occupation fastidieuse ; quelles que soient, en outre, les précautions prises, l'opérateur reçoit de petites doses de rayons X, leur somme produit sur la peau des effets déplorables.

Le Dr Barret a rendu un signalé service en imaginant de maintenir constamment un chalumeau en veilleuse sous l'osmo-régulateur [2]. Il intercale dans le trajet de la canalisation du gaz un robi-

1. Extrait des *Archives d'Électricité médicale*, N° 247, octobre 1908. Travail du laboratoire du Dr A. Béclère, médecin de l'hopital Saint-Antoine.

2. Dr Barret, *Archives d'Électricité médicale*, N° 168, 25 juin 1905 (chalumeau à veilleuse).

net spécial fonctionnant par la pression du doigt sur un bouton qui surmonte leur boisseau. A une distance suffisante de l'ampoule, on fait donc jaillir sur l'osmo-régulateur une flamme qui le chauffe convenablement.

Au point de vue de la radioscopie, ce dispositif manque de souplesse, car le robinet Barret est unique et placé en un endroit déterminé ; il ne peut accompagner la main de l'opérateur dans toutes les positions nécessitées par la manœuvre de l'écran, du malade, du châssis porte-ampoule. En conséquence, le robinet pendrait avec avantage au bout des deux tubes de caoutchouc qui s'y attachent. Il acquerrait de la sorte une mobilité précieuse. Le double tube de caoutchouc serait malheureusement bien encombrant, il ne tarderait pas à se couder, le brûleur s'éteindrait, des fuites se produiraient. Au point de vue radiothérapique, le dispositif du Dʳ Barret demande la surveillance des mesures radiométriques, ainsi que l'intervention du doigt.

Pour l'examen radioscopique, le problème à résoudre consiste donc à imaginer un système de régulation du gaz toujours à portée de l'opérateur dans les multiples positions de celui-ci. En radiothérapie, l'idéal serait un dispositif automatique modifiant lui-même et avec une grande sensibilité, le passage du gaz dans le « bunsen » adapté à l'osmo-régulateur.

Nous avons trouvé la solution simple de la première question, nous entrevoyons la réalisation parfaite de la seconde. Déjà nous sommes en possession d'un appareil automatique applicable et suffisamment fidèle pour qu'il puisse être utile au médecin radiologiste de le connaître.

Dispositif applicable à la radioscopie : commande électrique du brûleur.

Nous avions pensé actionner à distance le bouton du robinet Barret : une simple commande mécanique comme celle des sonnettes, un système à air comprimé, même un électro-aimant auraient, les uns comme les autres, suffi. Ces différentes combinaisons sont archaïques en ce qui concerne les renvois des mouvements de sonnettes, fragiles et rapidement usées quand on s'adresse aux soufflets de caoutchouc indispensables avec l'air comprimé. La commande électrique est assurément plus parfaite. Elle se prête à toutes les exigences de la pratique. Les fils souples, si peu encombrants, mettent les postes de commande toujours dans la main de l'opérateur, postes qu'il est facile de multiplier suivant les cas.

C'est donc à l'électricité que nous nous sommes adressés.

Dans le dispositif de Barret nous avons remplacé le robinet par un appareil électrique ; cet appareil électrique très robuste, sans organes mécaniques, sans joints mobiles fonctionne sur le secteur, indifféremment sur courant continu ou sur courant alternatif. Il est inusable parce que M. Drault qui le construit, en a proscrit les pièces qui se détériorent telles que les ressorts et le caoutchouc.

Les commandes électriques des robinets à gaz sont, du reste, déjà connues. Dans le traité de physique biologique de d'Arsonval, Chauveau, Marey, Gariel [1], il est question des deux dispositifs suivants : l'un écrase un tube de caoutchouc quand le courant parcourt un électro-aimant, l'autre déplace une bille de fer qui, sollicitée par un champ magnétique, vient fermer le tube d'arrivée du gaz.

Le premier n'est pas d'une application pratique à cause des altérations du caoutchouc qui ne manqueraient pas d'ouvrir une voie dangereuse à l'issue du gaz; du reste, il n'est pas à l'abri du reproche que nous allons faire au second. Le deuxième, comme le premier, va à l'encontre du but que nous nous proposons : il arrête le débit du gaz quand le courant passe (nous cherchons au contraire le phénomène inverse), et il ne permet pas de régler la longueur de la flamme mise en veilleuse, ce qui est d'une très grande importance.

Notre appareil est un simple tube en fibre de bois. L'extrémité supérieure reçoit un tuyau qui conduit le gaz au brûleur, l'extrémité inférieure est reliée à la canalisation du gaz. Ce tube est placé verticalement; à la partie inférieure il présente un diaphragme sur lequel tombe un pointeau composé de lames de fer doux dont la tête s'arrête à la partie moyenne du tube de fibre. On conçoit immédiatement que le pointeau obture l'orifice inférieur et empêche l'arrivée du gaz dans le brûleur. En réalité, il repose par sa pointe sur une vis réglable à volonté, grâce à laquelle l'oblitération est rendue imparfaite : le brûleur est en veilleuse.

A la partie supérieure du tube en fibre est fait un bobinage en fil de cuivre isolé de 2/10. Il est mis dans le circuit du secteur, en série avec quelques appareils de sûreté et un simple bouton de

---

1. D'Arsonval, Chauveau, Marey, Gariel, *Traité de Physique biologique*, t. I, p. 870 871 (article de Segalas).

sonnette jouant le rôle d'interrupteur, c'est-à-dire de poste de commande.

En faisant passer dans ce bobinage un courant électrique dérivé sur le secteur, on produit un champ magnétique. Le pointeau qui plonge seulement dans le tiers inférieur de la bobine est alors sollicité par le champ magnétique ; il s'élève pour prendre une position d'équilibre entre les deux forces qui le dirigent, la pesanteur en bas et les lignes de forces magnétiques en haut. Le diaphragme, obturé par le pointeau avant le passage du courant, est dégagé, le gaz passe librement tant que le circuit électrique du petit bobinage est fermé.

Les conditons de réalisation pratique nécessitent :

1° Un rhéostat qui limite l'intensité du courant dans le bobinage par lui-même trop peu résistant pour ne pas brûler sous la tension du secteur. Ce rhéostat devant avoir une résistance invariable, nous nous sommes servis d'une simple lampe en verre opaque : elle coûte très bon marché, remplit parfaitement son but et ne laisse pas passer de rayons lumineux, condition essentielle pour ne pas troubler les examens radioscopiques ;

2° Des appareils de sûreté, c'est-à-dire le coupe-circuit bipolaire réglementaire ;

3° Enfin, des prises de courant et un ou plusieurs postes de commande. C'est ce dernier dont la description est la plus simple. Rappelons-nous qu'il est réduit à une simple poire de sonnette électrique reliée à l'extrémité d'un long fil souple. C'est elle que le médecin radiologiste prend en main, c'est avec elle qu'il règle son chalumeau, par conséquent qu'il modifie la qualité des rayons émis par son ampoule.

L'appareil ci-dessus décrit fonctionne depuis quelques semaines au laboratoire de radioscopie à l'hôpital Saint-Antoine. C'est parce qu'il a donné satisfaction que nous avons pensé utile de le signaler.

Ici, il n'y a pas lieu de s'adresser à un appareil réglant automatiquement les ampoules : l'examen-radioscopique nécessite la mise en œuvre de toute une gamme de rayons. L'œil du médecin sait apprécier s'ils sont convenablement choisis et rien mieux que sa main ne pourrait, suivant son jugement, modifier l'état de l'ampoule de Rœntgen.

En radiothérapie, au contraire, et en radiographie souvent, pour un malade donné, on a besoin pendant toute la durée d'une séance d'agir avec des rayons d'un radiochroïsme déterminé. Ici, l'idéal serait d'avoir un appareil automatique, le précédent est capable de tendre à ce but; nous allons voir pourquoi.

Appareil automatique pour le réglage des ampoules à osmo-régulateur de Villard.

Toutes choses égales d'ailleurs, sur un transformateur alimentant un tube de Rœntgen on observe aux bornes du primaire des variations de différence de potentiel. Elles sont en relation avec les changements de résistance de l'ampoule utilisant le circuit secondaire.

Sur certains des appareils qui portent un voltmètre aux bornes du primaire, on vérifie nettement l'augmentation de différence de potentiel qui marche de pair avec l'émission de rayons d'un pouvoir de pénétration croissant.

A notre robinet par commande électrique précédemment décrit, mettons en court-circuit le bouton de sonnette, poste de commande, plaçons le petit bobinage qui meut le pointeau en dérivation aux bornes de l'inducteur, le transformateur fonctionnant, le pointeau serait ainsi constamment soulevé, ouvrant au gaz une libre issue. Mais un rhéostat shunte les bornes de la bobine du robinet; c'est l'artifice qui rend le dispositif automatique. Dans sa course, en effet, le curseur du rhéostat passe par une proposition telle que l'intensité électrique qui happe le pointeau soit au seuil de l'intensité nécessaire pour le soulever : position limite. Que l'intensité du champ magnétique grandisse, l'équilibre est rompu, le pointeau remonte, le gaz jaillit au brûleur. Or, l'ampoule qui durcit rompt cet équilibre en augmentant, nous le savons, la différence de potentiel aux bornes du primaire.

L'osmo-régulateur alors incandescent ramène peu à peu les choses à leur point de départ; le pointeau retombe sur son diaphragme, le gaz reste en veilleuse jusqu'à ce qu'une nouvelle exigence de l'ampoule l'oblige à jaillir de nouveau.

En pratique, le mouvement qui se produit est un peu plus compliqué : le pointeau vibre synchroniquement avec les ruptures de l'interrupteur ou les phases du courant alternatif; il exécute des sauts dont l'amplitude augmente avec l'intensité du courant qui les régit. On pourrait presque, par la mesure de la flamme du gaz ayant traversé le robinet automatique, (toutes choses égales d'ailleurs), calculer quelle est la différence de potentiel aux bornes du primaire du transformateur.

Les avantages de ce dispositif ne sont pas discutables. L'économie du temps passé à régler soi-même une ampoule n'est pas le principal facteur à considérer. Aujourd'hui, l'opérateur peut se tenir complètement à l'abri du rayonnement avec la certitude que l'appareil automatique veille fidèlement pour maintenir constant le radiochroïsme choisi. D'ailleurs, quand on chauffe soi-même l'osmo-régulateur, on résiste difficilement à la tentation de prolonger un peu l'opération pour avoir ensuite quelques instants de loisirs : courts instants, l'ampoule durcit à nouveau, le spintermètre déclanche sa pétarade, le malade s'effraye et bouge au bruit des étincelles ; en toute hâte il faut encore courir appuyer le doigt sur le robinet du brûleur. Il est fastidieux d'être absorbé par une besogne aussi simple et aussi enchaînante.

Ajoutons qu'avec le dispositif automatique la qualité des rayons est choisie comme on le désire. Supposons, par exemple, que nous ayons affaire à une ampoule dure (donnant du 10 au radiochromomètre de Benoist) et que nous voulions opérer avec des rayons moins pénétrants, agissons sur le rhéostat de façon que la flamme du brûleur chauffe l'osmo-régulateur ; au moment où le tube de Rœntgen émet le rayonnement désiré, on manœuvre le curseur du rhéostat jusqu'à ce que la flamme du gaz lèche à peine l'osmo-régulateur : le réglage est fait.

Si l'on veut des rayons plus pénétrants, on réduit la longueur de la flamme, toujours à l'aide du rhéostat, puis, quand l'ampoule atteint le degré de dureté désiré, il suffit de manœuvrer la manette du rhéostat comme tout à l'heure.

Nous avons installé un de nos appareils automatiques sur un poste de radiothérapie du laboratoire de Saint-Antoine. Il s'agit d'une bobine de Rohmkorff de 0 m. 50 d'étincelle, avec interrupteur autonome de Gaiffe. Le courant électrique est fourni, sous forme continue, avec une force électro-motrice de 110 volts. Dans les conditions ordinaires de réglage des appareils, la différence de potentiel aux bornes du primaire de ce transformateur oscille entre 80 et 95 volts suivant que l'on opère avec une étincelle équivalente de 5 à 15 centimètres et une intensité au secondaire de 4 à 13 dixièmes de mA.

Or, on peut régler l'appareil de telle façon qu'il n'y ait pas une variation de un dixième de mA. Dès que l'ampoule a la moindre tendance à augmenter de résistance, on voit la flamme du gaz grandir, lécher davantage l'osmo-régulateur, puis se retirer un peu pour revenir à nouveau si besoin est.

On connaissait déjà des ampoules automatiquement réglables. Muller, par exemple, adapte à son tube un système qui, frappé par une étincelle électrique, met de l'hydrogène en liberté. Une sorte de spintermètre, dont on peut faire varier la distance entre les pointes, commande précisément le passage de la décharge dans le système gazogène. Il n'est pas possible de voir fonctionner les tubes Muller dont nous parlons sans apprécier l'importance et l'avantage du réglage automatique. Rapidement, il faut en rabattre de l'admiration justifiée au premier moment : avec ces appareils l'automatisme est éphémère.

L'ampoule Chabaud-Villard a réalisé sur toutes les autres le progrès d'être indéfiniment réglable. L'osmo-régulateur est aussi longtemps fidèle à son rôle que dure l'ampoule elle-même. Les ampoules Chabaud-Villard nous ont donc présenté l'avantage de pouvoir leur appliquer un dispositif de réglage automatique toujours prêt à fonctionner et capable de remplir indéfiniment son rôle.

Utilisation du courant secondaire du transformateur pour le réglage automatique des ampoules à osmo-régulateur.

Par MM. Georges Maingot et Henri Béclère [1].

Qu'il s'agisse d'un traitement radiothérapique ou encore de radiographies posées, les ampoules tendent presque toujours à donner un rayonnement de pénétration croissante. Elles asservissent le médecin radiologiste à l'esclavage de surveiller sans cesse leur réglage. Or, bien que les Allemands aient eu le mérite de mettre en vente des ampoules automatiquement réglables, il n'existe aujourd'hui aucune source de rayons X capable de fournir indéfiniment et sans surveillance un rayonnement identique à lui-même. Cette imperfection se double d'un anachronisme si l'on songe que, dans la plupart des laboratoires et dans l'industrie, le fonctionnement des appareils est, à chaque instant, régi par les besoins du service. Faut-il donc admettre des difficultés insurmontables paralysant au seuil de l'idée d'une ampoule automatiquement réglable ?

Les grandes découvertes, telles que l'osmo-régulateur, étaient de nature à détourner de cette pensée et à faire prévoir la réalisation de l'objectif dont nous parlons, mais bien peu de chercheurs ont abordé cette voie. Certains se sont heurtés à l'imposibilité de modifier l'ampoule de Chabaud-Villard dont la sévérité d'un brevet garde immuable l'existence. Ainsi, en cette question d'auto-régulation, on ne peut mettre à profit les merveilleuses propriétés du platine incandescent si l'on ne s'adresse à des procédés dont le seul but soit de chauffer à propos et spontanément l'osmo-régulateur.

1. Travail du laboratoire de radiologie médicale du Dr Béclère.
Extrait des *Bulletins et Mémoires de la Société de Radiologie médicale de Paris* (juin 1909).

Une solution de ce genre parut dans les *Archives d'électricité médicale* (nº 247, 10 oct. 1908). Nous rappelons sommairement le principe dont nous étions alors partis.

Toutes choses égales d'ailleurs, les variations de résistance électrique d'une ampoule, c'est-à-dire, les modifications du rayonnement qu'elle émet retentissent sur le transformateur d'alimentation. En outre, la différence de potentiel aux bornes du primaire du transformateur grandit quand l'ampoule durcit et inversement. Nous avons donc shunté ces bornes par un circuit comprenant successivement un rhéostat et un certain robinet à gaz, mû électriquement.

Nous n'avons pas l'intention d'insister sur un appareil décrit l'an dernier, mais il est absolument nécessaire de rappeler les caractéristiques du robinet spécial ; il va servir tout à l'heure dans ce qui fait l'objet original de cette communication.

Notre robinet est un simple tube en fibre de bois intercalé en un point quelconque de la canalisation à gaz d'éclairage. L'extrémité supérieure reçoit, en effet, un tuyau qui se rend au brûleur, l'extrémité inférieure étant reliée à une tétine murale. Ce tube est placé verticalement ; en bas il renferme un diaphragme fixe sur lequel tombe un pointeau composé de lames de fer doux et dont la tête s'arrête à la partie moyenne du cylindre en fibre. On conçoit immédiatement que le pointeau joue le rôle d'obturateur et empêche le passage du gaz. En réalité, il repose par sa pointe sur une vis réglable à volonté, grâce à laquelle l'oblitération est rendu imparfaite ; ainsi le brûleur ne s'éteint pas, il reste en veilleuse. A la partie supérieure du tube de fibre est un bobinage en fil de cuivre isolé de 0 mm. 1 à 0 mm. 2. C'est lui qui fait suite au rhéostat dans le circuit ci-dessus mentionné.

En y faisant passer un courant électrique d'intensité suffisante un champ magnétique se développe et happe le pointeau d'où pour le gaz l'ouverture d'une large issue vers le brûleur.

Dans ces conditions, l'osmo-régulateur rougit et l'ampoule mollit. Alors, si l'opérateur prend le soin de régler *très exactement* le rhéostat pour que le pointeau tombe sur le diaphragme, l'ampoule fonctionne indéfiniment sans que varie sensiblement son degré de vide. Dès, en effet, que le tube radiogène durcit, la différence de potentiel augmente entre les bornes du primaire du transformateur : par suite le champ magnétique grandit autour du pointeau qui, dégageant le diaphragme, oblige la flamme du brûleur à lécher l'osmo-régulateur. Celui-ci, incandescent, ramène peu à peu les choses à leur point de départ ; le pointeau retombe sur son diaphragme et le gaz reste en veilleuse jusqu'à ce qu'une nouvelle exigence de l'ampoule l'oblige à jaillir de nouveau.

Nous avions nous-mêmes très grossièrement monté ce dispositif qui, pendant de longues heures, a maintenu une ampoule si bien réglée, qu'un milliampèremètre intercalé dans le circuit au cours de l'expérience n'a pas varié de 0mA, 1.

Néanmoins, quelques défauts, qu'un habile constructeur aurait vite fait de corriger, ont empêché l'utilisation de ce système.

On a reproché aux bobines ainsi shuntées de fonctionner imparfaitement. Malheureusement l'installation que nous avions nous-mêmes montée n'était pas dans d'excellentes conditions ; les défectuosités matérielles de notre propre installation ne doivent pas engendrer des reproches à l'égard de son principe. Si l'on songe que le robinet bien bobiné joue parfaitement son rôle avec moins de 0 amp. 2 sur 110 volts, on conçoit et l'on constate, en pratique, qu'il n'y a là qu'un reproche théorique. Le voltmètre, du reste, est toujours installé comme notre robinet ; il absorbe autant d'énergie et cependant on ne peut l'accuser de modifier sensiblement le rendement des bobines qu'il shunte.

Deux autres plus graves objections sont à présenter. La première vise les variations de pression dans la canalisation à gaz de la ville de Paris ; elles influencent, pour leur propre compte, le débit gazeux et nécessiteraient un régulateur de pression sur le tuyautage. La deuxième se rapporte aux courants d'air accidentels qui dévient la flamme à côté de l'osmo-régulateur. Comme nous manquions d'outillage et comme nous serions sortis de notre rôle en nous attachant trop aux détails d'atelier, laissant aux fabricants cette besogne spéciale, nous avons cherché un principe nouveau d'auto-régulation.

Il était intéressant de s'adresser, non plus au courant d'alimentation du transformateur mais aux phénomènes qui se passent aux bornes mêmes du tube de Rœntgen. Cette méthode gagne en précision. Elle offre aussi l'avantage de ménager les circuits primaires.

A priori, en voyant l'aiguille du milliampèremètre, dont tous les postes de radiologie doivent être pourvus, remplir si fidèlement sa fonction indicatrice, ne serait-on pas tenté de lui demander un peu plus ?

Nous avions bien songé à l'obliger de passer à temps voulu sur un contact commandant le débit du gaz au Bunsen. La réalisation effective déçoit cette illusion, parce que l'énergie qui meut l'aiguille d'un tel galvanomètre est trop faible pour actionner pratiquement un relais. Serait-elle même suffisante qu'il faudrait rapprocher le milliampèremètre, c'est-à-dire le circuit secondaire bien près des fils à basse tension du relais.

Il y aurait mieux à faire et l'expérience nous a mis en présence d'un phévomène fort intéressant et susceptible d'applications.

Soit une ampoule de 2 à 3 centimètres de diamètre prolongée par un long tube en U placé verticalement. L'ensemble est d'une seule pièce de cristal. C'est, si l'on veut, un petit ballon renversé avec un manomètre à la suite du col. Deux électrodes de platine, diamétralement opposées, traversent la paroi du ballon et laissent entre elles un espace de 1 à 2 centimètres. On remplit le ballon avec un gaz inerte, tel que l'azote et les 5 ou 6 centimètres inférieurs du manomètre avec du mercure.

Toute décharge disruptive entre les fils de platine se traduit par un déplacement instantané du mercure. En maintenant une série continue de décharges, comme on le fait dans le cas des tubes de Rœntgen, les effets manométriques, *pour une même température*, sont fonction de l'intensité du courant excitateur. Ainsi, en sériant ce petit appareil avec la source des rayons X, le niveau du mercure subit des dénivellations dont l'amplitude est en relation avec les indications du milliampèremètre. Dès lors il y a pour ainsi dire dans le circuit deux milliampèremètres : le modèle habituel à équipage et à champ magnétique et le type à mercure et à gaz que nous présentons et qui va veiller à maintenir constantes les indications du premier.

On prévoit toute la facilité avec laquelle les dénivellations du mercure vont permettre la régulation du gaz. De fait, dans certains laboratoires, la chaleur des étuves à culture est maintenue invariable, grâce à des régulateurs basés sur le changement de niveau d'une colonne de mercure en fonction de la température.

Supposons donc l'orifice du tube en U fermée par un bouchon percé de deux trous. De l'un s'échappe un tuyau relié à la canalisation du gaz, l'autre livre passage à un tube de verre dont le bout est coupé en sifflet très allongé et plonge vers le mercure. C'est par ce tube que le gaz est conduit au brûleur. Quand le niveau du mercure s'élève, c'est-à-dire, quand l'intensité du courant augmente dans le circuit de l'ampoule ou ce qui revient au même, quand les rayons sont moins pénétrants, l'orifice du biseau est plus ou moins oblitéré par le mercure et la flamme hydrocarbonée diminue sous l'osmo-régulateur. L'effet opposé coïncide avec l'augmentation de la pénétration du rayonnement.

Suivant la profondeur à laquelle est enfoncé le tube plongeant, l'ampoule se trouve réglée pour fournir le radiochroïsme voulu.

Plus simplement, on peut constituer la branche ascendante du manomètre par un régulateur Chancel dont l'extrémité inférieure est ensuite soudée à la branche horizontale du tube en U.

Nous ne pouvons sans restrictions conseiller dès maintenant pour la pratique journalière le système que nous venons de décrire ; si séduisant qu'il paraisse, il a deux graves défauts.

L'ampoule radiogène au repos doit être considérée comme étant traversée par un courant d'intensité infiniment petite, or, dans le dispositif en question, c'est un état qui a pour corollaire la maximum de débit gazeux sous l'osmo-régulateur. De là, l'opportunité d'un appareil pour mettre le gaz en veilleuse quand on cesse la production des rayons X.

D'autre part, aux effets immédiats des décharges disruptives dans le petit ballon se superposent des phénomènes thermiques. Ils se manifestent lentement, persistent quelques instants après la fin de l'expérience et compromettent profondément la perfection de l'auto-régulation.

Pour le moment, nous avons adopté un troisième dispositif dérivant des deux premiers. Il met en scène à la fois notre robinet électrique et la petite ampoule à manomètre que nous venons d'étudier. Mais alors la petite ampoule est en série avec le spintermètre et ce sont les étincelles accidentelles de ce dernier qui, seules, la traversent.

A chacune d'elles, l'azote se dilate instantanément puis reprend son volume initial. Il ne reste plus qu'à utiliser le jeu du manomètre pour commander l'issue du gaz au brûleur. A cette fin, dans la branche du tube en U plongent deux pointes d'acier. Elles sont immergées dans du pétrole. On peut les élever ou les abaisser car il est nécessaire de les disposer pour qu'elles puissent faire contact à mercure lors du passage de l'étincelle.

Ces deux pointes sont l'interrupteur d'un circuit comprenant une source électrique et notre robinet. Le pétrole a pour but d'éviter l'arc de rupture quand le mercure quitte les pointes.

En somme, l'étincelle au spintermètre fait jaillir le gaz sous l'osmo-régulateur et la distance entre les pointes règle le radiochroïsme du rayonnement.

Grâce à l'élévation de température produite dans le petit ballon par l'étincelle électrique, le brûleur prolonge son action un temps appréciable ; c'est une condition pratique de bon fonctionnement.

Si l'on prend soin de veiller un peu sur la soupape de Villard quand elle fait partie du poste auto-réglable on ne peut avoir aucun mécompte.

Il n'y a pas lieu de tenir compte des étincelles solitaires qui, au spintermètre, éclatent sans rapport avec le degré de vide du tube de Rœntgen : leur isolement les prive de toute action perturbatrice.

Au contraire, quand la presssion diminue dans l'ampoule radiogène, il apparaît une série d'étincelles qui, par leur répétition, deviennent vraiment efficaces ; une fois amorcée, la décharge est susceptible de se prolonger et de déterminer, entre anode et cathode, une surintroduction d'hydrogène. Cette surintroduction toujours légère est inférieure à celle qu'on recherche volontairement dans le réglage manuel et l'expérience prouve que, d'un moment à l'autre, le radiochroïsme varie si peu qu'il oscille à peine au-dessus et au-dessous de sa moyenne.

La pratique n'en exige pas davantage.

Voilà donc un moyen simple et réalisable dans tous les laboratoires de radiologie pour supprimer l'obsédante occupation du radio-thérapeute : *tenir les ampoules bien réglées*.

Ici, comme dans beaucoup d'autres circonstances où l'initiative n'a rien à faire, l'appareil automatique travaille plus fidèlement que la main consciente. Il donne une garantie de sécurité dont bénéficient malade et médecin. Il fait plus encore pour ce dernier : mieux que les commandes à distance du brûleur comme celle de Barret ou comme la nôtre, il laisse l'opérateur se déplacer où bon lui semble. Ce n'est pas son moindre mérite, car il est le protecteur vraiment efficace du radiologiste : il le met à l'abri des rayons presque inévitables pour qui voisine de trop près avec les ampoules en activité.

Notes de technique sur l'Installation

d'un

Laboratoire d'Électrothérapie et de Radiologie [1]

Tout n'est pas dit sur la question de l'installation des cabinets des spécialistes. En supposant même le sujet épuisé, il n'en résulterait pas que tous les cabinets dussent être identiques pour réunir le maximum d'avantages et le minimum d'inconvénients.

Suivant les habitudes et les besoins particuliers de chacun, suivant les locaux utilisables, le type commun subit des modifications de détail dont la mise au point n'obéit à aucune loi générale.

Par exemple, un cabinet dans lequel deux ou trois malades au maximum sont reçus en même temps ne relève pas du même type qu'une installation destinée au traitement simultané d'un grand nombre de patients.

Dans cet article très succinct, je n'ai pour but que de discuter quelques points qui caractérisent mon installation personnelle.

Jusqu'à présent, ils ont à peine retenu l'attention ; leur connaissance peut toutefois rendre des services à ceux qui seraient aux prises avec les difficultés que j'ai dû surmonter.

Je supposerai que le courant est fourni par un secteur tel que le secteur de la Compagnie Popp à Paris, avec possibilité d'avoir des lignes à voltages différents.

La question de la pose et du choix de lignes ne m'arrêtera pas.

Je réclame seulement :

a) Un isolement très soigné de toute la canalisation pour résister aux survoltages accidentels ;

b) Des sections de câbles suffisantes pour qu'il soit possible de

1. Extrait du *Bulletin Officiel de la Société Française d'Électrothérapie et de Radiologie* (mai 1912).

quadrupler les débits prévus dans le plan de première installation ;

c) Des lignes très *accessibles, différenciées de façon visible les unes des autres,* même quand les fils ne sont ni parallèles, ni même voisins ;

d) Des coupe-circuits de bonne qualité, de dimensions telles que des arcs permanents ne puissent s'y établir ;

e) Un fusible à chaque branchement et à chaque départ de fil souple.

Ceci établi, il s'agit d'alimenter économiquement et simplement les différents appareils. Les uns utilisent le courant continu du secteur au voltage auquel il est fourni, 110, 220 ou 440 volts ; les autres (cautères, lampes endoscopiques, chariots faradiques) réclament, si l'on se se t de courant continu, des potentiels beaucoup plus faibles, mais, en revanche, les cautères absorbent de très fortes intensités. Certains appareils, enfin, ne fonctionnent que sur courant alternatif.

En somme, il faut avoir :

1° Le courant du secteur à divers voltages.

2° Du courant continu à basse tension, 6 à 10 volts environ avec faculté de prendre jusqu'à 30 ampères.

3° Du courant alternatif, par exemple, le courant du secteur à la sortie d'une commutatrice.

Enfin, pour les opérations radiologiques à domicile, il est commode de disposer d'une batterie d'accumulateurs toujours prête à l'usage. Je dirai comment on peut avoir cette batterie toujours disponible et automatiquement chargée.

Le Secteur Popp fournit l'électricité à deux tarifs différents qui varient du simple au double suivant que le courant sert à l'éclairage ou à la force motrice.

A moins d'utiliser une différence de potentiel de 440 volts, en aucun cas on n'est autorisé à des débits supérieurs à 25 ampères. Il en résulte qu'en dehors de toute considération économique, il est avantageux de prendre deux lignes, une ligne force, et une ligne lumière : la ligne lumière sous 110 volts, et la ligne force sous 220 volts.

Tous les appareils susceptibles d'utiliser une énergie considérable (commutatrice, transformateurs alimentant les tubes de Crooks) sont branchés sur la ligne à plus haut voltage.

Les transformateurs pour Radiologie et haute fréquence ont meilleur rendement quand on les alimente à plus haute tension.

Cette considération est moins importante d'ailleurs que celle de la limite d'énergie disponible à chaque instant.

En effet, le débit étant sur l'une et l'autre ligne de 25 ampères au maximum, l'énergie utilisable est de (25 × 110) soit 2,750 KW sur la ligne à 110 volts et (15 × 220) 3,300 KW sur la ligne à 220 volts. Or, 2,750 KW peuvent être insuffisants pour alimenter les puissants transformateurs nécessaires en radiographie rapide.

Le courant du Secteur Popp, dont la très forte distribution comporte des égalisatrices et des lignes de grande capacité, est pratiquement assimilable à celui d'une batterie d'accumulateurs et comme tel peut alimenter les tableaux galvaniques.

Les tableaux de distribution du courant galvanique vont donc se brancher sur le secteur. A cela, point d'inconvénients à condition que le sol du cabinet soit isolé et que la prise de courant soit faite sur le compteur lumière.

Le bon isolement entre le malade et le sol se réalise très facilement. Un parquet sec, paraffiné ou ciré, mieux encore, un linoléum, suffisent à écarter tout danger. Mais cet isolement est nécessaire, car les distributions à plusieurs fils ont généralement un fil à la terre et la différence de potentiel entre le malade et la terre peut atteindre 110, 220, 330 ou 440 volts, suivant le point où est fait le branchement.

De cette considération se déduit la précaution de ne jamais toucher, en même temps que les malades ou les tableaux, une terre telle que conduite d'eau ou de gaz.

Il faut faire la prise de courant des appareils galvaniques sur le compteur lumière ; en effet les transformateurs utilisés en radiologie et haute fréquence ont une self-induction qui survolte les lignes au moment de l'ouverture du circuit par les interrupteurs. Bien plus, dans certains cas, des surtensions prolongées peuvent être causées par des résonnances entre le primaire et le secondaire.

J'ai vu deux fois l'interrupteur du tableau du compteur, griller par ces surtensions.

Si la même ligne sert à l'alimentation des postes galvaniques, chaque accident modifiant le potentiel, produit une sensation souvent douloureuse et excito-motrice.

N'oublions pas, non plus, le risque de fondre les plombs, surtout en radiologie ; cet incident pourrait devenir un véritable accident s'il en résultait une brusque suppression de courant pendant une opération galvanique.

En résumé, en service normal, les tableaux de galvanisation sont branchés sur le circuit lumière à 110 volts et tous les autres appareils sur le circuit force à 220 volts.

Il faut prévoir, maintenant, les circonstances susceptibles d'entraver le fonctionnement des appareils. La plus vraisemblable est une suppression du courant. Cette suppression peut être totale, indépendante des circuits domestiques, plus fréquemment elle n'intéresse que l'une ou l'autre distribution à 110 ou 220 volts.

Si l'accident survient sur la ligne lumière, les tableaux galvaniques sont soit alimentés par la pile transportable, soit par le circuit à 220 volts. Il suffit, dans ce dernier cas, de mettre en série avec le tableau une lampe convenablement choisie et d'interrompre l'emploi des transformateurs statiques pendant les applications du courant continu.

Dans mon installation, tous les appareils fonctionnent indifféremment sur 110 ou 220 volts ; ainsi la suppression du courant sur la ligne à 220 volts, ne présente pas d'autre inconvénient que de diminuer la puissance disponible.

Le moteur de la machine statique fournit jusqu'à 700 watts quand on met l'induit à pleine charge sous 220 volts ; c'est une puissance très supérieure aux besoins, un rhéostat intervient pour limiter la vitesse. Alimenté sur le circuit à 110 volts, le même moteur est encore en mesure d'entraîner les plateaux à une vitesse de 1.200 tours par minute. Le tableau de ce moteur est relié au secteur par un fil souple terminé par une fiche qui se greffe indifféremment dans une prise de courant à 110 ou 220 volts.

En ce qui concerne les transformateurs pour haute fréquence ou radiologie, j'ai adopté la solution suivante :

Chaque transformateur est sous la dépendance d'un tableau comprenant : coupe-circuit, interrupteur, rhéostat, appareils de mesure et une prise de courant à pôles différenciés.

Deux interrupteurs à turbine rythment, l'un le courant à 110 volts, l'autre le courant à 220 volts. Le courant rythmé est canalisé dans deux lignes spéciales à 110 et 220 volts qui se terminent à proximité des tableaux par des prises de courant à pôles différenciés.

Le fil souple à fiche du tableau se relie à l'une ou l'autre des prises, de sorte qu'on alimente au choix les appareils de réglage et transformateurs avec du courant à 110 ou 220 volts rythmé au préalable. Le moteur de chacun des interrupteurs étant bobiné pour

110 volts, celui qui se trouve sur 220 est muni d'une lampe en série qui réduit l'intensité à la valeur prévue.

Si l'un des interrupteurs est hors d'usage, l'autre le remplace à la seule condition de mettre la lampe en série s'il en est besoin ou de la shunter sur la ligne à 110 volts.

Voyons maintenant comment on peut avoir des accumulateurs toujours chargés et prêts à l'usage.

Voici le dispositif que j'emploie dans ce but :

La ligne à 220 volts à la sortie du compteur passe au voisinage d'une cheminée dont j'ai fait un poste de charge.

L'un des fils est coupé, et les deux extrémités de cette coupure sont reliées aux couteaux d'un inverseur bipolaire du type tableau. Deux des plots extrêmes de l'inverseur sont réunis par un plomb fusible. Quand l'inverseur est sur ces plots, le circuit est fermé et le courant passe en ligne comme si l'inverseur n'existait pas, les fils étant réunis métalliquement.

Des deux autres plots partent quatre fils de 30/10^{mm} connectés par paires ; pour le moment, négligeons l'un des fils de chaque paire. Les deux autres traversent un coupe-circuit et se rendent dans la cheminée à une batterie de cinq accumulateurs soigneusement isolés sur pieds de verre, chantier paraffiné et godets à bain d'huile.

Le pôle + de la batterie est relié au pôle + de la ligne.

Quand les couteaux de l'inverseur sont sur les plots non court-circuités, le courant de la ligne à 220 volts traverse et charge la batterie avant de se rendre à l'utilisation ; tout appareil en activité charge donc les bacs.

La batterie peut sans inconvénient comprendre plusieurs séries de cinq bacs dont chaque extrémité est connectée avec le pôle de même nom des autres séries. La différence de potentiel de charge et de décharge reste la même et la pratique m'a prouvé l'excellence du dispositif.

Pour opérer avec mon appareil transportable, on détache une, deux ou trois des séries de bacs, en ayant soin d'en laisser au moins une pour alimenter les appareils du cabinet dont nous parlerons maintenant.

En effet, les deux fils partant de l'inverseur et que nous avons négligés tout à l'heure, forment une ligne dont la différence de potentiel est égale à la force électromotrice de la batterie en charge. Cette ligne, pratiquement à 10 volts, alimente les cautères, lampes endoscopiques, chariots d'induction.

Ce dispositif très commode peut être isolé ou relié à la canalisation du secteur par la simple manœuvre de l'inverseur précédemment décrit. En pratique, je laisse toujours la batterie en relation avec le secteur, ce qui m'oblige à avoir une ligne à 10 volts isolée pour 220 volts, et à ne jamais faire une cautérisation ou une endoscopie sur un sujet relié à la terre ou à une autre ligne. A titre de surcroît de précautions, je recommande, d'ailleurs, de ne point prendre modèle sur ma façon d'agir, et de renverser le commutateur pour isoler la batterie de la ligne à haute tension avant toute cautérisation ou endoscopie.

La charge des accumulateurs réduit aux bornes d'utilisation le voltage du secteur à 210 volts. Je n'ai jamais constaté, du fait de cette réduction, une diminution appréciable de rendement de mes appareils.

Reste une critique possible. A certains moments, en radiographie rapide surtout, la batterie peut être traversée par un courant de charge supérieur au régime recommandé par le constructeur. Depuis bientôt trois ans, ma batterie travaille dans ces conditions, les plaques ont néanmoins un excellent aspect et je suis certain qu'elles ne seraient pas en si bon état s'il avait fallu des manipulations plus compliquées pour la charge. En pareil cas, on diffère par oubli ou par négligence cette manœuvre souvent ennuyeuse et c'est un grand préjudice pour une batterie que d'être trop déchargée ou même trop peu chargée.

Enfin, un dernier point est à noter : tous les tableaux sont alimentés par des fils souples terminés par des fiches. Les prises de courant sont surabondantes dans toutes les pièces. Cette précaution présente le double avantage de faciliter la surveillance et le changement d'affectation habituelle des pièces de traitement.

Chaque soir on s'assure d'un coup d'œil que toutes les fiches sont hors de prise ; s'il est besoin de changer un appareil de place, aucune annexion électrique ne le retient fixé, et en tout endroit qu'on l'emmène, il y a toujours possibilité de lui fournir le courant d'alimentation.

MAYENNE, IMPRIMERIE CHARLES COLIN

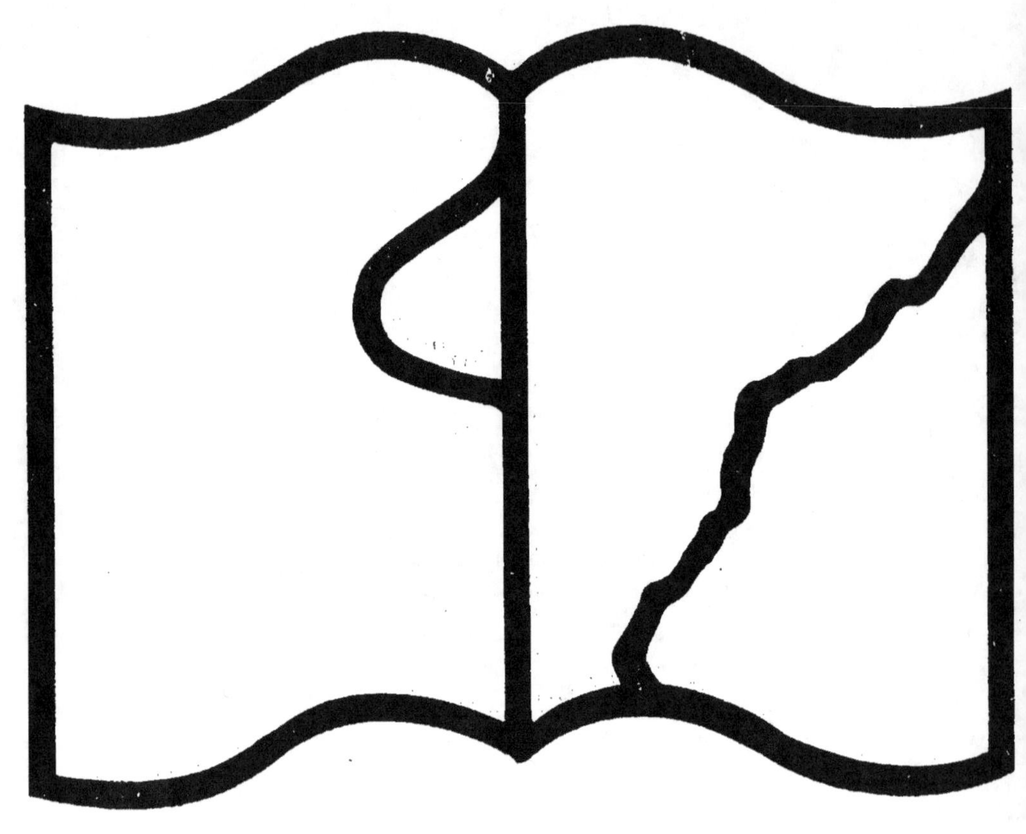

Texte détérioré — reliure défectueuse

NF Z 43-120-11

www.ingramcontent.com/pod-product-compliance
Lightning Source LLC
LaVergne TN
LVHW010122060726
842524LV00005B/1676